Katrin von Otte

Aus der Reihe: e-fellows.net stipendiaten-wissen

e-fellows.net (Hrsg.)

Band 1143

Netzwerk-Design-Spiele. Lokales und Globales Verbindungsspiel

GRIN Verlag

Bibliografische Information der Deutschen Nationalbibliothek:

Die Deutsche Bibliothek verzeichnet diese Publikation in der Deutschen National-
bibliografie; detaillierte bibliografische Daten sind im Internet über http://dnb.d-
nb.de/ abrufbar.

Impressum:

Copyright © 2015 GRIN Verlag GmbH
Druck und Bindung: Books on Demand GmbH, Norderstedt Germany
ISBN: 978-3-656-91369-6

Dieses Buch bei GRIN:

http://www.grin.com/de/e-book/293777/netzwerk-design-spiele-lokales-und-globales-
verbindungsspiel

GRIN - Your knowledge has value

Der GRIN Verlag publiziert seit 1998 wissenschaftliche Arbeiten von Studenten, Hochschullehrern und anderen Akademikern als eBook und gedrucktes Buch. Die Verlagswebsite www.grin.com ist die ideale Plattform zur Veröffentlichung von Hausarbeiten, Abschlussarbeiten, wissenschaftlichen Aufsätzen, Dissertationen und Fachbüchern.

Besuchen Sie uns im Internet:

http://www.grin.com/

http://www.facebook.com/grincom

http://www.twitter.com/grin_com

Fakultät für Mathematik und Naturwissenschaften
Technische Universität Ilmenau

Netzwerk-Design-Spiele:
Lokales und Globales Verbindungsspiel

Katrin von Otte

Studiengang Mathematik

Belegarbeit

Wintersemester 2014/15
Stand: 27. Februar 2015

Inhaltsverzeichnis

1 Einleitung

Um in der Informatik das Internet zu beschreiben oder in der BWL komplexe Märkte, erweisen sich Netzwerkmodelle als besonders hilfreich, die kein zentral gesteuertes Design voraussetzen, sondern eigenständige Spieler abbilden, die zu ihrem eigenen Nutzen Verbindungen zu anderen Spielern herstellen. Die Spieler versuchen dabei die Qualität und die Kosten ihrer eigenen Aktionen zu optimieren. Bei den entstehenden Netzwerken wird untersucht, wie sich Effizienz und Stabilität gegenseitig beeinflussen. Dabei gibt es zwei konkurrierende Ziele: die Spieler versuchen ihre Kosten bei der Bildung des Netzwerks zu minimieren - aber dennoch gleichzeitig die bestmögliche Qualität an Leistung des Netzwerks zu erhalten. Die Qualität des Netzwerks kann gemessen werden in der Distanz zu den anderen Spielern (Abschnitt 2) oder der Konnektivität (Abschnitt 3).(vgl. [Algorithmic Game Theory], 487f.)

Die eigennützigen Spieler und die daraus entstehenden Netzwerke können mit den Mitteln der Spieltheorie beschrieben werden. *Normalformspiele* und *Nash-Gleichgewichte* bilden die grundlegenden spieltheoretischen Konzepte, auf denen die weitere Betrachtung aufbaut:

DEFINITION 1. *Ein Normalformspiel ist ein Modell einer interaktiven Entscheidungsfindung, bei der jeder Entscheider seinen Handlungsplan ein für allemal festlegt. Diese Entscheidung wird gleichzeitig getroffen. Das Modell ist ein Tripel $\Gamma = (N, \Sigma, c)$, bestehend aus einer endlichen Menge $N = \{1, 2, \ldots, n\}$ von Spielern, einem Strategieraum $\Sigma = \Sigma_1 \times \Sigma_2 \times \cdots \times \Sigma_n$ mit der nicht leeren Strategiemenge Σ_i des Spielers i, aus der er seine Handlung wählen kann, und einer Kostenfunktion $c : \Sigma \to \mathbb{R}^n$. Dabei ist $c_i : \Sigma \to \mathbb{R}$ die Kostenfunktion des Spielers i. Abhängig von der eigenen Strategie $S_i \in \Sigma_i$, die Spieler i aus seiner Strategiemenge gewählt hat, und den Strategien der anderen Spieler entsteht ein Strategieprofil $S = (S_1, \ldots, S_i, \ldots, S_n)$ mit Kosten von $c_i(S_1, \ldots, S_i, \ldots, S_n) = c_i(S)$ für den Spieler i. Eine analoge Definition ist für eine Auszahlungs- bzw. Nutzenfunktion u_i möglich.* (vgl. [Game Theory], 11-13)

In der folgenden Betrachtung der Netzwerk-Design-Spiele werden Nash-Gleichgewichte als Lösungskonzept benutzt und die Netzwerke in diesen Gleichgewichten werden als *stabil* angesehen.(vgl. [Algorithmic Game Theory], 488)

DEFINITION 2. *Ein Nash − Gleichgewicht eines Normalformspiels $\Gamma = (N, \Sigma, u)$ ist* *ein Strategieprofil S^*, sodass für jeden Spieler $i \in N$ gilt:*

$$c_i\left(S_{-i}^*, S_i^*\right) \leq c_i\left(S_{-i}^*, S_i\right) \quad \forall\, S_i \in \Sigma_i,$$

wobei $S_{-i} = (S_1, \ldots, S_{i-1}, S_{i+1}, \ldots, S_n)$. Analog lautet die Bedingung für eine Auszahlungs- bzw. Nutzenfunktion:

$$u_i\left(S_{-i}^*, S_i^*\right) \geq u_i\left(S_{-i}^*, S_i\right) \quad \forall\, S_i \in \Sigma_i.$$

Die Bedingung für ein Nash-Gleichgewicht fordert also, dass kein Spieler i eine Strategie zur Verfügung hat, die seine Kosten (bzw. Auszahlung) gegenüber der Strategie S_i^* senkt (bzw. erhöht), während jeder andere Spieler j seine Gleichgewichtsstrategie S_j^* wählt. Kurz gesagt: kein Spieler kann nutzbringend abweichen, bei gegebenen Strategien der anderen Spieler. (vgl. [Game Theory], 14f.)

Eine andere Formulierung der Definition benutzt die *Beste-Antwort-Funktion*.

DEFINITION 3. *Für alle $S_{-i} \in \Sigma_{-i}$ sei $B_i\left(S_{-i}\right)$ die Menge der besten Antworten von Spieler i bei gegebenen S_{-i}:*

$$B_i\left(S_{-i}\right) = \left\{ S_i \in \Sigma_i : c\left(S_{-i}, S_i\right) \leq c\left(S_{-i}, S_i'\right) \quad \forall\ S_i' \in \Sigma_i \right\}.$$

Die Funktion B_i, die als Werte Mengen hat, heißt $Beste-Antwort-Funktion$ von Spieler i. In dieser Formulierung ist ein Nash-Gleichgewicht ein Profil S^*, das folgende Bedingung erfüllt:

$$S_i^* \in B_i\left(S_{-i}^*\right) \quad \forall\ i \in N.$$

Diese Formulierung führt auf eine Methode, um Nash-Gleichgewichte aufzufinden: Zuerst berechne man die Beste-Antwort-Funktion für jeden Spieler und finde dann ein Strategieprofil S^*, sodass $S_i^* \in B_i\left(S_{-i}^*\right) \forall i \in N$.(vgl. [Game Theory], 15)

2 Lokales Verbindungsspiel

2.1 Modell und grundlegende Eigenschaften

Das von FABRIKANT et al. 2003 vorgestellte *Lokale Verbindungsspiel* (vgl. [PODC'03]; [Algorithmic Game Theory], 489-494) bildet ein Normalformspiel $\Gamma = \Gamma(n, \alpha) = (V, \Sigma, c)$ und geht aus von *Spielern* $V = \{1, ..., n\} (= N)$, die ein zusammenhängendes

Netzwerk konstruieren müssen. Dazu baut ein Spieler i eine Menge von Kanten zu anderen Spielern, die im Anschluss in beide Richtungen genutzt werden können. Durch das Bauen von Kanten entstehen Kosten und jeder Spieler profitiert von möglichst kurzen Wegen zu allen anderen Spielern. Die Menge von Nachbarknoten $S_i \subseteq V \setminus \{i\}$ bildet eine *Strategie* von Spieler i. Zu einem *Strategieprofil* $S = (S_1, ..., S_n)$ betrachtet man den ungerichteten Graphen

$$G = G(S) = (V, E) \text{ mit der Kantenmenge } E = \bigcup_{i \in V} \bigcup_{j \in S_i} \{\{i, j\}\}.$$

Die *Kostenfunktion* c_i von Spieler i besteht aus den Kosten $\alpha > 0$ pro aufgebauter Kante und der Länge des kürzesten Weges zu jedem Spieler j, $\forall j \neq i$. Als zu minimierende Kosten für den Spieler i ergeben sich daraus

$$c_i(S) = \alpha \cdot |S_i| + \sum_{j \in V, j \neq i} d_G(i, j),$$

wobei $d_G(i, j)$ den *Abstand* zwischen den Knoten i und j bezeichnet.(vgl. [Graphentheorie], 9) Wenn die Knoten i und j nicht verbunden sind, wird $d_G(i, j) = \infty$.

- Folglich ist jeder Graph $G(S)$ in einem Nash-Gleichgewicht S zusammenhängend.

Für die *sozialen Kosten* des gesamten Netzwerks folgt

$$C(S) = \sum_{i=1}^{n} c_i(S) = \alpha |E| + \sum_{i,j} d_G(i, j).$$

Diese sozialen Kosten bilden die (utilitaristische) Zielfunktion in der Effizienzbetrachtung der Netzwerke.(vgl. [Algorithmic Game Theory], 443f.) Ein Netzwerk ist *optimal*, wenn es die sozialen Kosten $C(S)$ minimiert, und sei bezeichnet mit OPT.

Da jedes Knotenpaar, das nicht durch eine Kante verbunden wird, mindestens mit Abstand $d_G(i, j) = 2$ entfernt liegt, ergibt sich als untere Schranke für die sozialen Kosten[PODC'03]:

$$
\begin{aligned}
C(S) &\geq \alpha |E| + 2|E| + 2(n(n-1) - 2|E|) \qquad (1) \\
&= 2n(n-1) + (\alpha - 2)|E|.
\end{aligned}
$$

Diese Schranke wird von jedem Graphen erreicht, dessen *Durchmesser*(vgl. [Graphentheorie], 9) diam$G \leq 2$ ist.

Analog entsteht eine zu maximierende Gewinnfunktion mit

$$u_i(S) = -c_i(S).$$

Für ein *Nash-Gleichgewicht* gilt:

$$c_i\left(S_{-i}^*, S_i^*\right) \leq c_i\left(S_{-i}^*, S_i\right) \ \forall S_i \in \Sigma_i$$
$$\text{bzw. } u_i\left(S_{-i}^*, S_i^*\right) \geq u_i\left(S_{-i}^*, S_i\right) \ \forall S_i \in \Sigma_i.$$

Der Versuch Nash-Gleichgewichte zu finden, indem man mit einer Strategie startet und wiederholt die Strategien der einzelnen Spieler durch die beste Antwort ersetzt (vgl. "Best-Response-Dynamics" in [Algorithmic Game Theory], 30f.), erweist sich als schwierig:

SATZ 1. *Es ist NP-schwer bei gegebenem* $S = (S_1, ..., S_n)$ *und* $i \in V$ *die beste Antwort von Spieler i zu berechnen.*[PODC'03]

Beweis. Reduktion auf das Dominanzproblem.
Spieler i erhält die Konfiguration S_{-i} des ganzen restlichen Graphen, einschließlich der eingehenden Kanten, und muss eine Teilmenge von Knoten auswählen, sodass seine Kosten c_i minimiert werden, wenn die Kanten zu dieser Teilmenge gebaut werden. Wenn für $1 < \alpha < 2$ keine eingehenden Kanten existieren, ist die Strategie eine dominierende Menge für den restlichen Graphen, da der Durchmesser des Graphen $G(S)$ höchstens 2 sein kann, und zur minimalen Anzahl an Kanten zusätzliche Verbindungen nur die Distanz in c_i um 1 senken. Deshalb werden die Kosten minimiert, wenn die Größe der Teilmenge minimiert wird.[PODC'03] ∎

Das Lokale Verbindungsspiel $\Gamma(n, \alpha)$ wird durch folgende grundlegende Eigenschaften gekennzeichnet:

1. In allen Nash-Gleichgewichten gibt es keine Verbindung, die von beiden Endpunkten bezahlt wird.

2. Für $\alpha \geq 2$ ist jede Lösung S, dessen zugehöriger Graph $G(S)$ einen *Stern*(vgl. [Graphentheorie], 18) bildet, eine optimale Lösung, für $\alpha \leq 2$ ist jede Lösung, dessen zugehöriger Graph einen *vollständigen Graphen* bildet, eine optimale Lösung.

3. Für $\alpha \geq 1$ ist jede Lösung S, bei der $G(S)$ einen Stern bildet, ein Nash-Gleichgewicht, für $\alpha \leq 1$ ist jede Lösung S, bei der $G(S)$ einen vollständigen Graphen bildet, ein Nash-Gleichgewicht.

4. Für $\alpha < 1$ bilden die Strategieprofile S zum vollständigen Graphen $G(S)$ die einzigen Nash-Gleichgewichte.

Eigenschaft 1: Würde eine Kante von beiden Endknoten bezahlt, hätte einer der beiden Spieler einen Anreiz seine Strategie dahingehend zu ändern, die Kante nicht mehr zu bezahlen, und dadurch seine Ausgaben zu senken, während er denselben Abstand zu allen anderen Spielern behält. Ein Strategieprofil, in dem Kanten von beiden Endknoten bezahlt werden, kann deshalb kein Nash-Gleichgewicht sein.

Eigenschaft 2: Angenommen S sei eine optimale Lösung mit m Kanten in $G(S)$. Damit ist $m \geq n - 1$, denn sonst wäre der Graph nicht zusammenhängend. Alle geordneten Knotenpaare, die nicht direkt verbunden sind, haben einen Abstand von mindestens 2 und es gibt $n(n-1) - 2m$ solche Paare. Zusammen mit den $2m$ Paaren mit Distanz 1 ergibt sich $\alpha m + 2n(n-1) - 4m + 2m = (\alpha - 2)m + 2n(n-1) \leq C(S)$ als untere Schranke für die sozialen Kosten. Sowohl der Stern als auch der vollständige Graph stimmen mit dieser Schranke überein. Die sozialen Kosten werden minimiert durch ein möglichst kleines m für $\alpha > 2$ - also einen Stern - und ein möglichst großes m für $\alpha < 2$ - einen vollständigen Graphen. (vgl. [Algorithmic Game Theory], 490)

Eigenschaft 3: Angenommen $\alpha \geq 1$ und $G(S)$ sei ein Stern. Jede Zuordnung von Kanten zu inzidenten Spielern ergibt ein Nash-Gleichgewicht. Die folgende Zuordnung zeigt, dass es zu jedem Graph $G(S)$, der einen Stern bildet, eine entsprechende Lösung S gibt, die ein Nash-Gleichgewicht bildet. Das Strategieprofil besteht darin, dass Spieler 1 (das Zentrum des Sterns) alle Kanten zu anderen Spielern kauft, während die verbleibenden $n - 1$ Spieler keine Kante kaufen. Spieler 1 hat keinen Anreiz abzuweichen, denn dann wäre der Graph nicht mehr zusammenhängend und dadurch die Kosten unendlich. Die anderen $n - 1$ Spieler können nur abweichen, indem sie Kanten zusätzlich kaufen. Jeder solche Spieler spart durch k hinzugefügt Kanten k an der Distanz, muss aber αk hinzubezahlen, sodass es insgesamt keinen Nutzen bringt. Deshalb ist dieses Strategieprofil ein Nash-Gleichgewicht.
Angenommen $\alpha \leq 1$ und $G(S)$ sei ein vollständiger Graph, dessen Kanten zu inzidenten Spielern zugeordnet sind. Weicht ein Spieler ab, in dem er k Kanten weniger

kauft, spart er αk an Kosten, aber erhöht die Distanz um k, sodass er sich nicht verbessern kann. Jedes Strategieprofil S zum vollständigen Graphen $G(S)$ ist deshalb ein Nash-Gleichgewicht. (vgl. [Algorithmic Game Theory], 491)

Eigenschaft 4: Laut Eigenschaft 2 wird das soziale Optimum erreicht durch alle Strategieprofile S, die einem vollständigen Graphen $G(S)$ zugeordnet werden können. Für ein Strategieprofil, das keinen vollständigen Graphen $G(S)$ bildet, gibt es einen Spieler, der die Distanz zu einem anderen Knoten um 1 senken kann, während die zusätzliche Kante nur $\alpha < 1$ kostet. Folglich sind die dem vollständigen Graphen zugehörigen Strategieprofile die einzigen Nash-Gleichgewichte.

2.2 Preis der Anarchie

Das Konzept des *Preises der Anarchie (Price of Anarchy)* stammt von KOUTSOUPIAS und PAPADIMITRIOU mit Ihrem 1999 erschienen Artikel "Worst-case equilibria".[6] Der Begriff selbst wurde geprägt von PAPADIMITRIOU 2001[8]; er beschreibt, um welchen Faktor sich die Kosten des Netzwerks verschlechtern können gegenüber einem optimalen zentral konstruierten Netzwerk, wenn es von Spielern mit eigenem Interesse aufgebaut wird. Die Ineffizienz der Nash-Gleichgewichte wird mit einem worst-case Ansatz beschrieben: Es handelt sich um das Verhältnis der Kosten des schlechtesten Nash-Gleichgewichts $\max\limits_{S \text{ Nash-Gleichgewicht}} C(S)$ zu den Kosten des sozialen Optimums $C(OPT)$ bei zentralem Design:

$$P = \max_{S \text{ Nash-Gleichgewicht}} \frac{C(S)}{C(OPT)}$$

SATZ **2.** *Für $\alpha < 1$ ist der Preis der Anarchie 1. Für $1 \leq \alpha < 2$ ist der Preis der Anarchie höchstens $\frac{4}{3}$.*

Beweis. Aus Eigenschaft 4 folgt direkt, dass der Preis der Anarchie 1 ist für $\alpha < 1$. Für $1 \leq \alpha < 2$ wird das soziale Optimum weiterhin durch den vollständigen Graphen erreicht, obwohl die zugehörigen Lösungen S für $\alpha > 1$ kein Nash-Gleichgewicht bilden. Jeder Graph zu einem Nash-Gleichgewicht hat einen Durchmesser von höchstens 2, sodass die sozialen Kosten genau Gleichung (1) entsprechen. Der Wert wird maximal, wenn $|E|$ minimal wird, also für einen zusammenhängenden Graphen $|E| = n - 1$. Die schlechtesten Nash-Gleichgewicht sind deshalb diejenigen, deren Graph einen Stern bildet. Der Preis der Anarchie ergibt sich demnach zu:

$$\frac{C(Stern)}{C(K_n)} = \frac{(n-1)(\alpha - 2 + 2n)}{n(n-1)\left(\frac{\alpha-2}{2}+2\right)}$$

$$= \frac{4}{2+\alpha} - \frac{4-2\alpha}{2(2+\alpha)}$$

$$< \frac{4}{2+\alpha} \leq \frac{4}{3}.$$

∎

ALBERS et al. 2006 [SODA'06] konnten die Schranken für den Preis der Anarchie aus [PODC'03] verbessern sowie eine konstante obere Schranke für große $\alpha \geq 12n\log n$ angeben:

SATZ 3. *Für $\alpha \geq 12n\log n$ ist der Preis der Anarchie beschränkt durch* $1+\dfrac{6n\log n}{\alpha} \leq$ *1,5 und jeder Gleichgewichtsgraph ist ein Baum.*

Für ein wachsendes α strebt dieser Preis der Anarchie gegen 1.

SATZ 4. *Sei $\alpha > 0$. Für jedes Nash-Gleichgewicht ist der Preis der Anarchie beschränkt durch* $15\left(1+\left(\min\{\frac{\alpha^2}{n}, \frac{n^2}{\alpha}\}\right)^{1/3}\right)$.

Daraus folgt eine konstante obere Schranke für $\alpha \leq \mathcal{O}(\sqrt{n})$. Für $\alpha \in [\sqrt{n}, n]$ steigt der Preis der Anarchie bis zu einem Maximum von $\mathcal{O}(n^{1/3})$ bei $\alpha = n$. Für $\alpha > n$ sinkt der Preis der Anarchie.[SODA'06]

2.3 Baumvermutung

FABRIKANT, LUTHRA, MANEVA, PAPADIMITRIOU und SHENKER formulierten 2003 die *Baumvermutung*:

VERMUTUNG 1. *Es existiert eine Konstante A, sodass für alle $\alpha > A$ die Graphen $G(S^*)$ zu allen nicht-transienten Nash-Gleichgewichten S^* Bäume sind.*

Existiert in einem Nash-Gleichgewicht S^* eine Strategie $S_i \in \Sigma_i$ mit

$$c_i\left(S^*_{-i}, S^*_i\right) = c_i\left(S^*_{-i}, S_i\right),$$

so heißt S^* *transient*, wenn eine Sequenz von Strategieänderungen einzelner Spieler, die deren Kosten nicht ändern, zu einem Nicht-Gleichgewichtszustand führen kann.[PODC'03]

Unter der Baumvermutung konnte gezeigt werden, dass P konstant ist für alle α.[PODC'03] Jedoch widerlegten diese Vermutung ALBERS, EILTS, EVEN-DAR, MANSOUR und RODITTY 2006:

SATZ 5. *Für alle $n_0 \in \mathbb{N}$ existieren Graphen $G(S^*)$ mit $n \geq n_0$ Spielern, die Kreise enthalten und deren zugrundeliegende Strategieprofile S^* ein strenges (also insbesondere nicht-transientes) Nash-Gleichgewicht bilden für alle α mit $1 < \alpha \leq \sqrt{n/2}$.*[SODA'06]

Der Beweis nutzt ein Ergebnis über endliche affine Ebenen, um eine Familie von Graphen zu konstruieren, die strenge Nash-Gleichgewichte bilden und induzierte Kreise der Länge drei und fünf enthalten.

DEFINITION 4. *Eine affine Ebene ist ein Paar $(A, \mathcal{L})$, wobei A eine Menge (von Punkten) ist und $\mathcal{L}$ eine Familie von Untermengen von A (von Geraden), die die folgenden vier Bedingungen erfüllen:*

- *Für zwei verschiedene Punkte aus A existiert genau eine Gerade, die diese Punkte enthält.*

- *Jede Gerade enthält min. zwei Punkte.*

- *Zu einem gegebenen Punkt x und einer Geraden L, die x nicht enthält, existiert genau eine Gerade L', die x enthält und von L disjunkt ist.*

Wenn A endlich ist, so nennt man die zugehörige affine Ebene endlich.

Zwei Geraden sind *parallel* ($\parallel$), wenn die Geraden disjunkt sind oder gleich. Für einen gegebenen Punkt x und eine Gerade L sei mit $x\|L$ diejenige eindeutig bestimmte Gerade bezeichnet, die zu L parallel ist und x enthält. Parallelität definiert eine Äquivalenzrelation auf der Geradenmenge. Die Äquivalenzklasse einer Gerade L sei bezeichnet mit $[L]$.

Für eine Primzahlpotenz q und den daraus entstehenden Körper $F = GF(q)$ bilden die Mengen $A = F^2$ und $\mathcal{L} = \{a + bF \mid a, b \in A, b \neq 0\}$ eine affine Ebene der Ordnung q, die mit $AG(2, q)$ bezeichnet sei. Die Ebene enthält q^2 Punkte und $\binom{q^2}{2}/\binom{q}{2} = q(q+1)$ Geraden. Es ergeben sich $q+1$ Äquivalenzklassen ($q-1$ echte Anstiege, horizontale und vertikale Geraden). Jede Äquivalenzklasse enthält q Geraden und jede solche Gerade enthält q Punkte.

8

Mit diesen Mitteln können die für den Beweis notwendigen Graphen beschrieben werden. Zu einer affinen Ebene $AG(2, q)$ sei ein Graph $G = (V, E)$ definiert mit $V = A \cup \mathcal{L}$. Die Kantenmenge E entstehe wie folgt:

- Ein Punkt und eine Gerade sind durch eine Kante verbunden genau dann, wenn die Gerade den Punkt enthält.

- Zwei Geraden sind durch eine Kante verbunden genau dann, wenn sie parallel sind.

- Zwei Punkte sind nie durch eine Kante verbunden.

Der Graph enthält keine Mehrfachkanten und Schlingen. Die Kanten müssen nun mit Richtungen versehen werden. Jede Äquivalenzklasse einer Gerade L definiert einen vollständigen Teilgraph K^q von G. $d_G^-(L)$ bezeichne den Eingangsgrad, $d_G^+(L)$ den Ausgangsgrad von L in K^q. Durch vollständige Induktion zeigt man, dass eine Orientierung von K^q existiert, sodass für jede Gerade L in K^q gilt: $|d_G^-(L) - d_G^+(L)| = 0$, wenn q ungerade ist, und $|d_G^-(L) - d_G^+(L)| = 1$, wenn q gerade ist. Um die Richtung der Kanten zwischen Punkten und Geraden zu definieren, wähle man einen Repräsentanten L^i, $0 \leq i \leq q$, für jede der $q + 1$ Äquivalenzklassen. Die Geraden von $[L^q] = \{L_0^q, \ldots, L_{q-1}^q\}$ bauen keine Kanten zu ihren Punkten, sondern die existierenden Kanten werden durch die Punkte gebaut. Bei den anderen Äquivalenzklassen baut eine Gerade $L \in [L^i], 0 \leq i \leq q-1$ Kanten zu den beiden Punkten $L \cap L_i^q$ und $L \cap L_{i+1(\mod q)}^q$. Alle anderen Kanten werden durch die Punkte ausgelegt. Jeder Punkt x ist in einer Gerade $(x \parallel L^q) =: L_j^q$ enthalten und hat genau zwei eingehende Kanten von den Geraden $(x \parallel L^j)$ und $(x \parallel L^{j-1(\mod q)})$. Für $q = 2$ erhält man den Petersen-Graph.

LEMMA 1. *Es sei $q > 10$. Für α mit $1 < \alpha < q + 1$ hat kein Spieler, der einer Geraden L zugeordnet ist, eine andere Strategie, die dieselben oder niedrigere Kosten erreicht als die originale Strategie. Für α mit $1 \leq \alpha \leq q + 1$ hat L keine Strategie mit niedrigeren Kosten.*

LEMMA 2. *Für α mit $1 < \alpha \leq q + 1$ hat kein Spieler, der einem Punkt x zugeordnet ist, eine andere Strategie, die dieselben oder niedrigere Kosten erreicht als die originale Strategie. Für $\alpha = 1$ hat kein Spieler, der einem Punkt zugeordnet ist, eine Strategie mit niedrigeren Kosten.*

Aus den beiden Lemmata folgt der obige Satz.[SODA'06]
Es konnte gezeigt werden, dass für $\alpha \geq 65n$ tatsächlich alle Nash-Gleichgewichte zu Bäumen gehören, und es wird vermutet, dass dies auch für $\alpha \geq n$ gilt.[15]

2.4 Verwandte Modelle

Das Lokale Verbindungsspiel $\Gamma(n, \alpha)$ kann erweitert werden durch eine Gewichtung, bei der einem Spieler u ein Betrag an Datenverkehr $w_{uv} > 0$ zu Spieler v, $u \neq v$, zugeordnet wird. In der Kostenberechnung von Spieler u wird der kürzeste Weg zwischen u und v mit w_{uv} multipliziert. Eine andere mögliche Erweiterung stellt die Kostenteilung dar, bei der Spieler für den Teilbetrag einer Kante aufkommen können.[SODA'06] CORBO und PARKES erweiterten 2005 das Lokale Verbindungsspiel $\Gamma(n, \alpha)$ zum *Bilateralen Verbindungsspiel.*[12] Dabei wählt jeder Knoten simultan eine (möglicherweise leere) Menge der anderen Knoten und eine Verbindung entsteht, wenn beide Endknoten der Kante zustimmen. Die Schnittmenge dieser gewählten Mengen bildet den resultierenden Graphen.

Da Kanten nur entstehen, wenn beide Spieler zustimmen, können durch das Abweichen eines einzelnen Spielers keine neuen Kanten gebaut werden und damit wäre in jedem Spiel der leere Graph ein Nash-Gleichgewicht. Es erweist sich deshalb als sinnvoll, das Lösungskonzept auf das Abweichen von Koalitionen auszuweiten: im *paarweisen Nash-Gleichgewicht* S^* werden (ähnlich dem starken Nash-Gleichgewicht) jeweils Paare (i, j) betrachtet, die sich durch Abweichen auf eine andere Strategie $S'_{(i,j)}$ nicht verbessern können, d.h.

$$\forall i \in N, j \notin S_i :$$
$$c_i \left(S^*_{-(i,j)}, S'_{(i,j)} \right) \leq c_i \left(S^*_{-(i,j)}, S^*_{(i,j)} \right)$$
$$\Rightarrow c_j \left(S^*_{-(i,j)}, S'_{(i,j)} \right) > c_j \left(S^*_{-(i,j)}, S^*_{(i,j)} \right).$$

Im ursprünglichen Modell unilateraler Verbindungen fällt dieses Konzept mit dem Nash-Gleichgewicht zusammen, da die Kosten für die neue Verbindung dann nur einseitig sind, sodass die Bedingung immer hält. Als weiteres Konzept wird das *paarweise stabile Netzwerk* eingeführt, das sich als dem paarweisen Nash-Gleichgewicht äquivalent erweist. Insgesamt ergibt sich, dass der worst-case Preis der Anarchie des Bilateralen Verbindungsspiels schlechter ausfällt als der worst-case Preis der Anarchie im unilateralen Modell.[12]

3 Globales Verbindungsspiel

3.1 Modell und grundlegende Eigenschaften

Ein *Globales Verbindungsspiel* beschrieben ANSHELEVICH, DASGUPTA, TARDOS und WEXLER 2003.[STOC'03]

Gegeben sei ein ungerichteter Graph $G = (V, E)$ mit nichtnegativen Kosten $\alpha(e)$ zu jeder Kante e. Im Normalformspiel $\Gamma = \Gamma(G, \alpha, n, TK) = (N, \Sigma, c)$ hat jeder Spieler $i \in N$ eine Menge $TK_i \subseteq V$ an Terminalknoten, die er untereinander verbinden muss. Die Knotenmengen verschiedener Spieler müssen nicht disjunkt sein. Eine Strategie S_i eines Spielers i besteht aus den Preisen $S_i(e)$, die i bereit ist für Kante e zu zahlen. Jede Kante e^* mit $\sum_i S_i(e^*) \geq \alpha(e^*)$ wird als *gekauft* betrachtet, wodurch der Graph gekaufter Kanten

$$G(S) = (V^*, E^*)$$

$$\text{mit der Eckenmenge } V^* = \{v \in V : \exists e^* \in E^* \text{ mit } v \text{ inzident } e^*\} \quad \subseteq V$$

$$\text{und der Kantenmenge } E^* = \left\{ e^* \in E : \sum_i S_i(e^*) \geq \alpha(e^*) \right\} \quad \subseteq E$$

als Teilgraph von G entsteht zu einem Strategieprofil $S = (S_1, ..., S_n)$ der Spieler. Dabei versucht jeder Spieler seine totalen Kosten

$$c_i(S) = \begin{cases} \sum_{e \in E} S_i(e), & TK_i \text{ ist zusammenhängend} \\ \infty, & TK_i \text{ ist nicht zusammenhängend} \end{cases}$$

zu minimieren. Da die Kosten des Spielers unendlich werden, wenn seine Terminalknoten nicht verbunden sind, müssen in einem Nash-Gleichgewicht S^* alle Terminalknoten TK_i eines Spielers i in $G(S^*)$ zusammenhängend sein.

Angenommen für ein Nash-Gleichgewicht S^* sei T_i^* der minimale Baum in $G(S^*)$, der alle Terminalknoten von Spieler i verbindet. Die Definitionen führen zu folgenden grundlegenden Eigenschaften des Globalen Verbindungsspiels:

1. $G(S^*)$ ist ein Wald.

2. Jeder Spieler i beteiligt sich nur an den Kosten von Kanten in T_i^*.

3. Jede Kante wird entweder vollständig bezahlt oder gar nicht.

4. Es existieren nicht immer Nash-Gleichgewichte.

Eigenschaft 1: Gäbe es einen Kreis in $G(S^*)$, würde ein beliebiger Spieler i seine Zahlung für eine beliebige Kante des Kreises einstellen und dadurch seine Kosten senken, während seine Terminalknoten im neuen Graphen gekaufter Kanten immer noch verbunden bleiben.

Eigenschaft 2: Wenn Spieler i zu einer Kante e beträgt, die nicht zu T_i^* gehört, kann er seine Zahlung für e einstellen und so seine totalen Kosten senken während seine Terminalknoten weiterhin verbunden bleiben.

Eigenschaft 3: Wenn Spieler i zu Kante e beitragen würde, sodass $\sum_i S_i(e) > \alpha(e)$ oder $\alpha(e) > \sum_i S_i(e) > 0$, dann könnte i einen Teil seiner Zahlung für e einstellen ohne den Graphen gekaufter Kanten zu verändern.

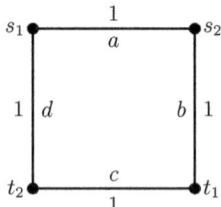

Abb. 3.1: Ein Spiel ohne Nash-Gleichgewicht

Eigenschaft 4: Es ist nicht immer der Fall, dass sich eigennützige Spieler auf ein Netzwerk einigen können. Es gibt Instanzen des Globalen Verbindungsspiels, die kein Nash-Gleichgewicht enthalten.

Beweis. Abb. 3.1 zeigt ein Spiel, dessen einer Spieler die Knoten s_1 und t_1 verbinden möchte, der andere s_2 und t_2. Angenommen es existiere ein Nash-Gleichgewicht S^*. Laut Eigenschaft 1 muss $G(S^*)$ in einem Nash-Gleichgewicht ein Wald sein, o.B.d.A. bestehe dieser aus den Kanten a, b und c. Laut Eigenschaft 2 trägt Spieler 1 nur zu den Kanten a und b bei, Spieler 2 nur zu den Kanten b und c. Demnach müssen die Kanten a und c vollständig durch Spieler 1 bzw. Spieler 2 bezahlt werden. Zumindest

12

einer der Spieler muss einen positiven Beitrag zu Kante b erbringen. In einem Nash-Gleichgewicht kann dies aber keiner der Spieler, weil er dann einen Anreiz hätte seine Strategie zu ändern und ausschließlich Kante d zu kaufen, was seine Terminalknoten verbinden würde bei totalen Kosten von nur 1. Folglich existiert in diesem Beispiel kein Nash-Gleichgewicht.(vgl. [STOC'03])   ∎

3.2 Preis der Stabilität

Im Globalen Verbindungsspiel ist der Preis der Anarchie höchstens n, die Anzahl der Spieler. Denn wenn das schlechteste Nash-Gleichgewicht S^* mit den sozialen Kosten $\max_{S \text{ Nash-Gleichgewicht}} C(S)$ mehr kostet als $n \cdot C(OPT)$, die sozialen Kosten des optimalen zentral konstruierten Netzwerks, muss es einen Spieler geben, dessen Kosten $c_i(S^*)$ in S^* größer sind als $C(OPT)$, sodass er seine Strategie dahingehend ändern kann, die ganze optimale Lösung selbst zu kaufen und dadurch seine Terminalknoten bei niedrigeren Ausgaben zu verbinden. Demgegenüber gibt es Fälle, in denen der Preis der Anarchie diese Obergrenze tatsächlich erreicht, sodass die Schranke scharf ist.

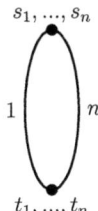

$$s_1, ..., s_n$$

$$1 \qquad n$$

$$t_1, ..., t_n$$

Abb. 3.2: Ein Spiel mit einem Preis der Anarchie von n

Abb. 3.2 zeigt ein Spiel mit n Spielern, wobei G aus den Knoten s und t besteht, die durch zwei verschiedene Kanten verbunden sind, eine Kante der Länge 1 und eine Kante der Länge n. Jeder Spieler hat einen Terminalknoten in s und t, die verbunden werden müssen. Damit ergibt sich als schlechtestes Nash-Gleichgewicht, dass jeder Spieler 1 zur langen Kante beiträgt, was zu einem Preis der Anarchie von n führt. Demgegenüber entspricht das *beste* Nash-Gleichgewicht in diesem Beispiel, bei dem jeder Spieler $\frac{1}{n}$ zur kurzen Kante beiträgt, dem optimalen zentral konstruierten Netzwerk.[STOC'03] Das Verhältnis des besten Nash-Gleichgewichts zum sozialen Optimum sei bezeichnet als *Preis der Stabilität (price of stability)*:

$$P' = \min_{S \text{ Nash-Gleichgewicht}} \frac{C\,(S)}{C(OPT)}$$

Den Preis der Stabilität untersuchten erstmals SCHULZ et al. 2003.[11] Die Terminologie wurde eingeführt von ANSHELEVICH et al. in ihrem Artikel "The Price of Stability for Network Design with Fair Cost Allocation" [FOCS'04] von 2004; er beschreibt um wieviel ein Designer das Netzwerk von der optimalen Lösung abändern muss, damit das Gleichgewicht stabil ist, also kein Spieler einen Anreiz hat, das Netzwerk zu ändern. Das obige Beispiel zeigt also, dass der Preis der Stabilität P' vom Preis der Anarchie P um einen Faktor n abweichen kann. Dennoch kann auch der Preis der Stabilität für das Globale Verbindungsspiel hoch sein.

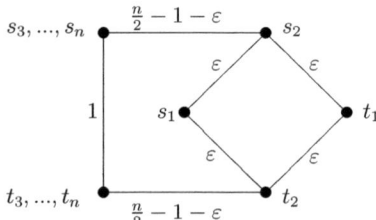

Abb. 3.3: Ein Spiel mit einem hohen Preis der Stabilität P'

Abb. 3.3 illustriert ein Spiel, bei dem jeder Spieler die Terminalknoten s_i und t_i besitzt. Das optimale zentral konstruierte Netzwerk kostet $1 + 3\varepsilon$. Wenn die Kante der Länge 1 gekauft wurde, wird kein Spieler $i > 2$ irgendeine der ε-Kanten kaufen und deshalb reduziert sich die Situation von Spieler 1 und 2 auf das Beispiel 3.1, das kein Nash-Gleichgewicht enthält. Folglich muss jedes Nash-Gleichgewicht den Kauf des Weges der Länge $n - 2$ enthalten. Tatsächlich ergibt sich ein Nash-Gleichgewicht, wenn jeder Spieler $i > 2$ einen $\dfrac{1}{n-2}$ Anteil des Weges kauft. Insgesamt gibt es also für jedes $n > 2$ ein Spiel, dessen Preis der Stabilität P' nahezu $n - 2$ ist.[STOC'03]

3.3 Approximative Nash-Gleichgewichte

Weil der Preis der Stabilität also die Größe von $\Theta(n)$ annehmen kann und manchmal reine Nash-Gleichgewichte überhaupt nicht existieren, wird es kaum möglich sein für den beliebigen Fall billige Nash-Gleichgewichte anzugeben. Deshalb definiert man als neues Konzept:

DEFINITION 5. *Ein* $\underline{(1+\varepsilon) - approximatives\ Nash\text{-}Gleichgewicht}$ *ist ein Profil* S^*, *sodass kein Spieler* i *seine Kosten um mehr als einen Faktor* $1+\varepsilon$ *senken kann, wenn er von seiner Strategie abweicht, also eine andere Strategie* S_i *benutzt:*

$$\frac{1}{1+\varepsilon}\ c_i\left(S^*_{-i}, S^*_i\right) \leq c_i\left(S^*_{-i}, S_i\right)\ \ \forall\, S_i \in \Sigma_i.$$

Mit dieser Definition bietet der folgende Satz das Ergebnis, dass immer ein approximatives Nash-Gleichgewicht existiert, dessen Kosten der optimalen zentralisierten Lösung entsprechen:

SATZ 6. *Für jedes optimale zentral konstruierte Netzwerk* T^* *existiert ein 3-approximatives Nash-Gleichgewicht* S^*, *sodass die gekauften Kanten* $G(S^*)$ *genau* T^* *entsprechen.*[STOC'03]

Der Beweis für diesen Satz ist konstruktiv und liefert einen Algorithmus zur Berechnung eines approximativen Nash-Gleichgewichts. Allerdings setzt der Algorithmus einen polynomiellen Steinerbaumalgorithmus (als Verallgemeinerung des minimalen Spannbaums vgl. [2]) voraus - wobei von dem Problem, zu einem Graphen einen Steinerbaum zu finden, 1972 durch Richard Karp die NP-Vollständigkeit gezeigt wurde [2]. Die Bedingung kann abgeschwächt werden, indem man den 1,55-approximativen Loss-Kontraktions-Algorithmus[7] benutzt, um einen 2-approximativen Steinerbaum zu bestimmen. Damit erhält man einen polynomiellen Algorithmus für ein $(4,65+\varepsilon)$-approximatives Nash-Gleichgewicht:

SATZ 7. *Zu einem gegebenen optimalen zentral konstruierten Netzwerk* T *kann ein* $(4{,}65+\varepsilon)$*-approximatives Nash-Gleichgewicht* S^* *zum Graphen* T^* *mit den Kosten* $c(S^*) < 2 \cdot C(OPT)$ *mit einem Algorithmus bestimmt werden, der in* ε^{-1} *polynomial ist.*[STOC'03]

Für die Näherung gibt es eine untere Schranke:

LEMMA 3. *Für jedes* $\varepsilon > 0$ *existiert ein Spiel, sodass jedes approximative Nash-Gleichgewicht, das das optimale Netzwerk kauft, mindestens* $\left(\frac{3}{2}-\varepsilon\right)$*-approximativ ist.*

Das Problem, die Existenz eines Nash-Gleichgewichts in einem gegebenen Graphen zu entscheiden, wobei die Anzahl der Spieler $\mathcal{O}(k)$ (mit k Anzahl der Knoten) ist, ist NP-vollständig.[STOC'03]

4 Faires Globales Verbindungsspiel und Potentialspiele

4.1 Shapley-Kostenteilung

Eine Kostenteilung entscheidet, wieviel ein Netzwerk für jeden Teilnehmer kostet. In der Forschung haben sich aus den vielen möglichen Kostenteilungen einige Wenige mit gutem theoretischen und empirischen Verhalten herauskristallisiert. Die Shapley-Kostenteilung ist darunter die Natürlichste.

Jeder Spieler i hat eine Menge $TK_i \subseteq V$ an Terminalknoten, die er untereinander verbinden möchte. Eine Strategie eines Spielers i besteht aus einer Menge an Kanten $S_i \subseteq E$, sodass S_i alle Knoten in TK_i verbindet. Zum gewählten Baum S_i fordert die Kostenteilung vom Spieler die Kosten $c_i(S_1, ..., S_n)$. Diese Kosten können dabei von den Entscheidungen der anderen Spieler abhängen.

Die *Shapley-Kostenteilung* teilt die Kosten einer Kante gleich auf unter allen Spielern, die diese Kante in ihrem Weg benutzen:

$$c_i(S_1, S_2, ..., S_n) = \sum_{e \in S_i} \frac{\alpha(e)}{|\{j : e \in S_j\}|}.$$

Diese gleiche Aufteilung hat eine Reihe grundlegender ökonomischer Motivationen; sie kann vom Shapley-Wert(vgl. [Game Theory], 289-298) abgeleitet werden [10] und man kann zeigen, dass es die einzige Kostenteilung ist, die einigen verschiedenen Axiomensystemen genügt ([4], [9], [10]).

Die sozialen Kosten aller Kanten des Netzwerks ergeben sich, indem man die Kosten der Vereinigung aller S_i summiert: $C(S) = \sum_{e \in \cup_i S_i} \alpha(e)$. Die Kosten, die den Spielern zugewiesen werden, kommen komplett für diese sozialen Kosten aller Kanten auf:

$$\sum_{i=1}^{N} c_i(S_1, S_2, ..., S_n) = \sum_{e \in \cup_i S_i} \alpha(e) = C(S).$$

4.2 Faires Globales Verbindungsspiel

Das Konzept des *Fairen Verbindungsspiels* mit Shapley-Kostenteilung wurde eingeführt durch ANSHELEVICH et al. 2004.[FOCS'04]

Gegeben sei ein gerichteter Graph $G = (V, E)$ mit nichtnegativen Kosten $\alpha(e)$ zu jeder Kante e. Im Normalformspiel $\Gamma = (N, \Sigma, c)$ hat jeder Spieler $i \in N$ eine Menge $TK_i \subseteq V$ an Terminalknoten, die er untereinander verbinden muss. Eine Strategie eines Spielers

i besteht aus einer Menge an Kanten $S_i \subseteq E$, sodass S_i alle Knoten in TK_i verbindet. Die Kosten der Kanten seien gleich aufgeteilt durch die Shapley-Kostenteilung. Für ein Strategieprofil $S = (S_1, \ldots, S_n)$ sei x_e die Anzahl der Spieler, deren Strategie die Kante e enthält. Damit entstehen als Kosten des Spielers i

$$c_i(S) = c_i(S_1, S_2, \ldots, S_n) = \sum_{e \in S_i} \frac{\alpha(e)}{|\{j : e \in S_j\}|} = \sum_{e \in S_i} \left(\frac{\alpha_e}{x_e} \right)$$

und das Ziel jedes Spielers ist es, seine Terminalknoten zu verbinden mit minimalen totalen Kosten.

SATZ **8.** *Jedes Faire Globale Verbindungsspiel hat ein reines Nash-Gleichgewicht und Best-Response-Dynamik konvergiert immer.*

SATZ **9.** *Der Preis der Stabilität des Fairen Verbindungsspiels beträgt höchstens die harmonische Zahl:*

$$P' \leq \mathcal{H}(n) = 1 + \frac{1}{2} + \frac{1}{3} + \ldots + \frac{1}{n}.$$

Diese Schranke ist scharf für gerichtete Graphen:

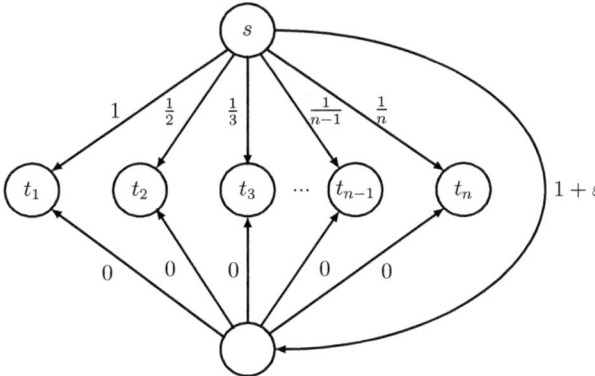

Abb. 4.4: Ein Spiel, dessen Preis der Stabilität gegen $\mathcal{H}(n) = \Theta(\log n)$ konvergiert für $\varepsilon \to 0$.

Im Beispiel Abb. 4.4 wollen n Spieler einen gemeinsamen Terminalknoten s verbinden mit ihren jeweiligen Terminalknoten t_i. Dabei habe jeder Spieler i einen eigenen Weg mit Kosten $\frac{1}{i}$ und alle Spieler können einen gemeinsamen Weg mit Kosten $1 + \varepsilon$ für ein kleines $\varepsilon > 0$ teilen. Die optimale Lösung würde alle Terminalknoten verbinden über den gemeinsamen Weg mit den sozialen Kosten $1 + \varepsilon$. Würde diese Lösung den Spielern angeboten, würde einer nach dem anderen abweichen auf die individuellen Wege. Das einzige Nash-Gleichgewicht hat also Kosten von $\sum\limits_{i=1}^{n} \frac{1}{i} = \mathcal{H}(n)$.[FOCS'04]

Beweis. Der Beweis der Sätze nutzt eine Potentialfunktionsmethode nach ROSENTHAL [3] bzw. verallgemeinert durch MONDERER und SHAPLEY [5]. Der allgemeine Beweis für Potentialspiele folgt in Abschnitt 4.3. ∎

Eine mögliche Erweiterung des Globalen Verbindungsspiels stellt die Gewichtung von Spielern dar ([FOCS'04] und [13]). Koordination zwischen den Spielern wurde von Susanne Albers 2008 betrachtet ([14]).

4.3 Potentialspiele und Potentialfunktionsmethode

DEFINITION **6.** *Für ein endliches Spiel ist eine* <u>*exakte Potentialfunktion*</u> Φ *eine Funktion, die jedes Strategieprofil S abbildet auf einen reellen Wert und dabei folgende Bedingung erfüllt:*
Für $S = (S_1, S_2, \ldots, S_n)$ sei $S'_i \neq S_i$ eine alternative Strategie für einen Spieler i mit $S' = (S_{-i}, S'_i)$. Dann gilt

$$\begin{aligned} \Phi(S) - \Phi(S') &= c_i(S) - c_i(S') \\ &= u_i(S') - u_i(S). \end{aligned}$$

Mit anderen Worten: Für ein Strategieprofil S, von dem Spieler i mit S'_i abweicht, gleichen die Einsparungen von i genau der Abnahme des Werts der Potentialfunktion.

Jedes Spiel hat bis auf Addition einer Konstanten nur eine Potentialfunktion. Ein Spiel, das eine exakte Potentialfunktion besitzt, heißt *exaktes Potentialspiel.*

SATZ **10.** *Jedes Potentialspiel hat mindestens ein reines Nash-Gleichgewicht, nämlich diejenige Strategie S, die $\Phi(S)$ minimiert.*

SATZ **11.** *Für jedes endliche Potentialspiel konvergiert Best-Response-Dynamik immer zu einem Nash-Gleichgewicht.*(vgl. [Algorithmic Game Theory], 496)

Lemma 4. *Das Faire Globale Verbindungsspiel aus Abschnitt 4.2 besitzt eine Potentialfunktion* $\Psi(\cdot) : \Sigma \to \mathbb{R}$ *mit:*

$$\Psi(S) = \sum_{e \in E^*} \Psi_e(S) \quad mit \quad \Psi_e(S) = \alpha_e \cdot \mathcal{H}(x_e) \quad \forall e \in E^*$$

und ist damit ein Potentialspiel.

Beweis. (vgl. [Algorithmic Game Theory], 496) Für jede Kante e, die sowohl in S als auch in S' vorkommt oder in keinem davon, sind die Kosten, die i für e bezahlt, gleich in S und S'. Ebenso hat $\Psi_e(\cdot)$ denselben Wert unter S und S'. Für jede Kante e, die in S_i aber nicht in S'_i enthalten ist, spart i die Kosten $\dfrac{\alpha_e}{x_e}$, was genau dem Unterschied zwischen $\Psi_e(S)$ und $\Psi_e(S')$ entspricht:

$$c_i(S') = c_i(S) - \frac{\alpha_e}{x_e}$$
$$\Psi_e(S') = \alpha_e \cdot \mathcal{H}(x_e - 1) = \alpha_e \cdot \mathcal{H}(x_e) - \frac{\alpha_e}{x_e} = \Psi_e(S) - \frac{\alpha_e}{x_e}$$
$$\Rightarrow \Psi_e(S) - \Psi_e(S') = \frac{\alpha_e}{x_e}$$
$$\Rightarrow \quad \Psi(S) - \Psi(S') = \frac{\alpha_e}{x_e} = c_i(S) - c_i(S').$$

Genauso steigen für eine Kante e, die in S' aber nicht in S enthalten ist, die Kosten von i um $\dfrac{\alpha_e}{x_e + 1}$, was dem Unterschied zwischen $\Psi_e(S)$ und $\Psi_e(S')$ entspricht:

$$c_i(S') = c_i(S) + \frac{\alpha_e}{x_e + 1}$$
$$\Psi_e(S') = \alpha_e \cdot \mathcal{H}(x_e + 1) = \alpha_e \cdot \mathcal{H}(x_e) + \frac{\alpha_e}{x_e + 1} = \Psi_e(S) + \frac{\alpha_e}{x_e + 1}$$
$$\Rightarrow \Psi_e(S) - \Psi_e(S') = -\frac{\alpha_e}{x_e + 1}$$
$$\Rightarrow \quad \Psi(S) - \Psi(S') = -\frac{\alpha_e}{x_e + 1} = c_i(S) - c_i(S').$$

Da $\Psi(\cdot)$ eine einfache Summe aus allen Ψ_e ist, addieren sich die Kantenänderungen von S zu S', sodass die Änderung von Ψ genau der Änderung der Kosten von i entspricht:

$$\Psi(S) - \Psi(S') = c_i(S) - c_i(S').$$

$\Psi(\cdot)$ ist also die Potentialfunktion zum Fairen Globalen Verbindungsspiel. ∎

Betrachtet man eine beliebige Ecke e im Graphen $G(S) = (V^*, E^*)$, muss das zugehörige $\Psi_e(S) \geq \alpha_e$ sein, da jede Kante von mindestens einem Spieler benutzt wird, und andererseits $\Psi_e(S) \leq \mathcal{H}(n) \cdot \alpha_e$ sein, da es nur n Spieler gibt. Damit erhält man

LEMMA 5. $C(S) \leq \Psi(S) \leq \mathcal{H}(n) \cdot C(S).$ (vgl. [Algorithmic Game Theory], 496)

SATZ 12. *Gegeben sei ein Potentialspiel mit der Potentialfunktion Φ und für ein beliebiges Strategieprofil S gelte*

$$\frac{C(S)}{A} \leq \Phi(S) \leq B \cdot C(S)$$

für Konstanten $A, B > 0$. Dann ist der Preis der Stabilität höchstens AB.

Beweis. (vgl. [Algorithmic Game Theory], 498) Es sei S^{min} ein Strategieprofil, dass $\Phi(S)$ minimiert. Dann folgt aus Satz 10, dass S^{min} ein Nash-Gleichgewicht ist. Es reicht zu zeigen, dass die Kosten dieser Lösung nicht viel größer sind als die Kosten einer optimalen Lösung OPT. Laut Voraussetzung gilt $\dfrac{C(S^{min})}{A} \leq \Phi(S^{min})$. Laut der Definition von S^{min} gilt $\Phi(S^{min}) \leq \Phi(OPT)$. Aus der zweiten Ungleichung folgt $\Phi(OPT) \leq B \cdot C(OPT)$. Daraus ergibt sich also:

$$\frac{C(S^{min})}{A} \leq \Phi(S^{min}) \leq \Phi(OPT) \leq B \cdot C(OPT)$$
$$\Rightarrow \qquad C(S^{min}) \leq AB \cdot C(OPT)$$
$$\Rightarrow \quad P' = \min_{S \text{ Nash-Gleichgewicht}} \frac{C(S)}{C(OPT)} \leq \frac{C(S^{min})}{C(OPT)} \leq AB.$$

∎

Dieser Weg, um eine Schranke für den Preis der Stabilität zu finden, ist bekannt als *Potentialfunktionsmethode*. Zusammen mit Lemma 5 folgt damit Satz 9 aus Abschnitt 4.2.

Im Allgemeinen sind Strategieprofile, die die Potentialfunktion minimieren, nicht unbedingt die besten Nash-Gleichgewichte. Deswegen ist diese Schranke im Allgemeinen nicht scharf.

Literatur

[Game Theory] Martin J. OSBORNE, Ariel RUBINSTEIN, *A Course in Game Theory*. The MIT Press, Cambridge/London, 1994.

[Graphentheorie] Reinhard DIESTEL, *Graphentheorie*. Springer, Berlin/Heidelberg/- New York, ^{3}2006.

[Algorithmic Game Theory] Noam NISAN, Tim ROUGHGARDEN, Éva TARDOS, Vijay V. VAZIRANI (Hg.), *Algorithmic Game Theory*. Cambridge University Press, New York, 2007.

[PODC'03] Alex FABRIKANT, Ankur LUTHRA, Elitza MANEVA, Christos H. PAPA-DIMITRIOU, Scott SHENKER, On a Network Creation Game. In: *Proceedings of the twenty-second annual symposion on Principles of distributed computing (PODC'03)*, ACM, New York, 2003, 347-351.

[STOC'03] Elliot ANSHELEVICH, Anirban DASGUPTA, Éva TARDOS, Tom WEXLER, Near-optimal network design with selfish agents. In: *Proceedings of the thirty-fifth annual ACM symposium on Theory of computing (STOC'03)*, ACM, New York, 2003, 511-520.

[FOCS'04] Elliot ANSHELEVICH, Anirban DASGUPTA, Jon KLEINBERG, Éva TARDOS, Tom WEXLER, Tim ROUGHGARDEN, The Price of Stability for Network Design with Fair Cost Allocation. In: *Proc. 45th Annual IEEE Symposium on Foundations of Computer Science (FOCS'04)*, IEEE Computer Society, Washington, DC, 2004, 295-304.

[SODA'06] Susanne ALBERS, Stefan EILTS, Eyal EVEN-DAR, Yishay MANSOUR, Liam RODITTY, On Nash Equilibria for a Network Creation Game. In: *Proceedings of the Seventeenth Annual ACM-SIAM Symposium on Discrete Algorithms (SODA'06)*, Society for Industrial and Applied Mathematics, Philadelphia, 2006, 89-98.

[1] Susanne ALBERS, *Spieltheoretische Aspekte im Netzwerkdesign*. http://www.wm.uni-bayreuth.de/fileadmin/Lehre/OS_WS06_07/Susanne_Albers.pdf - Einsichtnahme: 20.11.2014.

[2] Richard M. KARP, Reducibility Among Combinatorial Problems. In: R. E. MILLER, J. W. THATCHER (Hrsg.): Complexity of Computer Computations. Plenum Press, New York, 1972, 85–103.

[3] Robert W. ROSENTHAL, The network equilibrium problem in integers. In: *Networks*, Volume 3, Issue 1, 1973, 53–59.

[4] Shai HERZOG, Scott SHENKER, Deborah ESTRIN, Sharing the Cost of Multicast Trees: An Axiomatic Analysis. In: *Proceedings of the conference on Applications, technologies, architectures, and protocols for computer communication (SIGCOMM '95)*, ACM, New York, 1995, 315-327.

[5] Dov MONDERER, Lloyd S. SHAPLEY, Potential games. In: *Games and Economic Behaviour*, Volume 14, Issue 1, May 1996, 124–143.

[6] Elias KOUTSOUPIAS, Christos H. PAPADIMITRIOU, Worst-case equilibria. In: *Proceedings of the 16th annual conference on Theoretical aspects of computer science (STACS'99)*, Springer-Verlag Berlin, Heidelberg, 1999, 404-413.

[7] Gabriel ROBINS, Alexander ZELIKOVSKY, Improved Steiner tree approximation in graphs. In: *Proceedings of the Eleventh Annual ACM-SIAM Symposium on Discrete Algorithms (SODA 2000)*, Society for Industrial and Applied Mathematics, Philadelphia, 2000, 770-779.

[8] Christos H. PAPADIMITRIOU, Algorithms, games, and the Internet. In: *Proceedings of the thirty-third annual ACM symposium on Theory of computing (STOC '01)*, ACM, New York, 2001, 749-753.

[9] Joan FEIGENBAUM, Christos H. PAPADIMITRIOU, Scott SHENKER, Sharing the cost of multicast transmissions. In: *Journal of Computer and System Sciences*, Volume 63, Issue 1, August 2001, 21-41.

[10] Hervé MOULIN, Scott SHENKER, Strategyproof sharing of submodular costs: Budget balance versus efficiency. In: *Economic Theory*, November 2001, Volume 18, Issue 3, 511-533.

[11] Andreas S. SCHULZ und Nicolás Stier MOSES, On the performance of user equilibria in traffic networks. In: *Proceedings of the fourteenth annual ACM-SIAM symposium on Discrete algorithms (SODA '03)*, Society for Industrial and Applied Mathematics, Philadelphia, 2003, 86-87.

[12] Jacomo CORBO, David PARKES, The price of selfish behavior in bilateral network formation. In: *Proceedings of the twenty-fourth annual ACM symposium on Principles of distributed computing (PODC'05)*, ACM, New York, 2005, 99-107.

[13] Ho-Lin CHEN, Timothy ROUGHGARDEN, Network design with weighted players. In: *Proceedings of the eighteenth annual ACM symposium on Parallelism in algorithms and architectures (SPAA'06)*, ACM, New York, 2006, 29-38.

[14] Susanne ALBERS, On the value of coordination in network design. In: *Proceedings of the 19th ACM-SIAM Symposium on Discrete Algorithms (SODA'08)*, Society for Industrial and Applied Mathematics, Philadelphia, 2008, 294-303.

[15] Akaki MAMAGEISHVILI, Matúš MIHALÁK, Dominik MÜLLER, Tree Nash Equilibria in the Network Creation Game. In: *Algorithms and Models for the Web Graph*, Lecture Notes in Computer Science, Volume 8305, Springer International Publishing, Cambridge, 2013, 118-129.